はじめに（保護者の方へ）

　この本は，小学1年生の算数を勉強しながら，プログラミングの考え方を学べる問題集です。

　小学校ではこれから，算数や理科などの既存の教科それぞれに，プログラミングという新しい学びが取り入れられていきます。この目的として，教科をより深く理解することや，思考力を育てることなどがいわれています。

　この本を通じて，算数の知識を深めると同時に，情報や手順を正しく読み解く力（＝読む力）や手順を論理立てて考える力（＝思考力）をのばしてほしいと思います。

- -

この本の特長と使い方

● 算数の理解を深めながら，プログラミング的思考を学べる問題集です。
● 別冊解答には，問題の答えだけでなく，問題の解説や解く

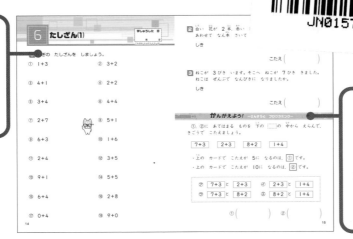

単元の学習ページです。
計算から文章題まで，単元の内容をしっかり学習しましょう。

かんがえよう! は，ここまでで学習してきたことを活かして解く問題です。
算数の問題を解きながら，プログラミング的思考にふれます。

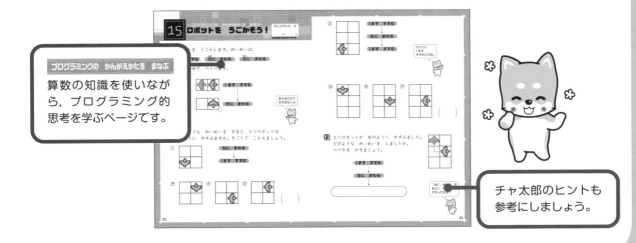

プログラミングの かんがえかたを まなぶ
算数の知識を使いながら，プログラミング的思考を学ぶページです。

チャ太郎のヒントも参考にしましょう。

もくじ

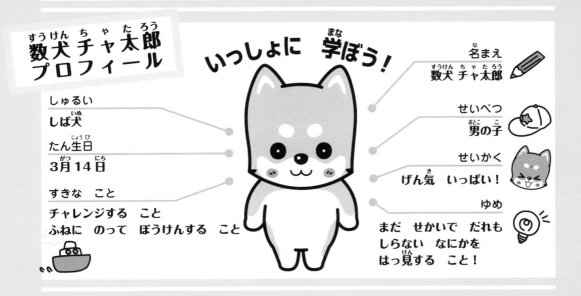

数犬チャ太郎
プロフィール

いっしょに 学ぼう!

しゅるい
しば犬

たん生日
3月14日

すきな こと
チャレンジする こと
ふねに のって ぼうけんする こと

名まえ
数犬 チャ太郎

せいべつ
男の子

せいかく
げん気 いっぱい!

ゆめ
まだ せかいで だれも
しらない なにかを
はっ見する こと!

1 あつまりと　かず

1 えを　みて　こたえましょう。

① いぬを ⬭ で　かこみましょう。

② ねこを ⬭ で　かこみましょう。

2 えを　みて　こたえましょう。

① ケーキと　さらを　ひとつずつ　せんで　むすびましょう。

② おおい　ほうに　○を　つけましょう。

 （　　　　　）  （　　　　　）

4

3 おおい　ほうに　○を　つけましょう。

①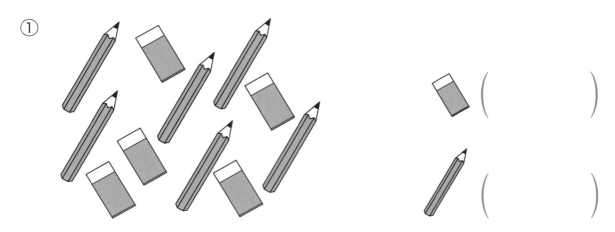

②

かんがえよう！　ーさんすうと　プログラミングー

　①, ②に　あてはまる　ものを　下の　┌┄┐の　中から　えらんで，
きごうで　こたえましょう。

　　上の　**3** ②で，いちごは　①こ，バナナは　②ぽん
あります。

┌─────────────────────────────────┐
　⑦ 4　　⑦ 5　　⑦ 6　　⑦ 7
└─────────────────────────────────┘

①（　　　　　）　②（　　　　　）

5

2 かずしらべ

1 くだものの　かずを　しらべます。

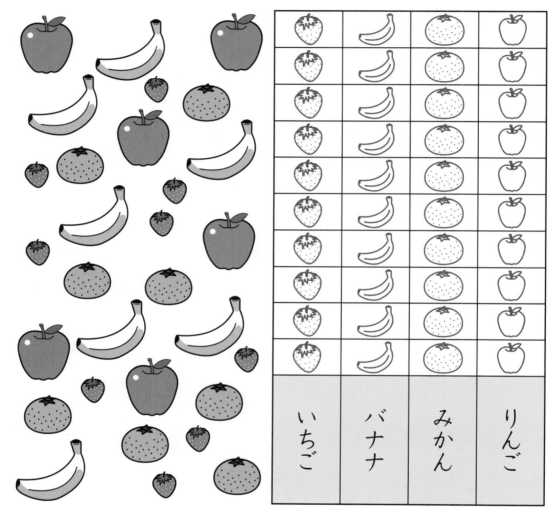

① くだものの　かずだけ　いろを　ぬりましょう。

② いちばん　おおい　くだものは　なんですか。

（　　　　　　　　　　）

③ いちばん　すくない　くだものは　なんですか。

（　　　　　　　　　　）

2 どうぶつの　かずを　しらべます。

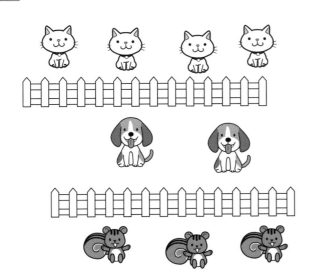

![ねこ]	![いぬ]	![りす]
![ねこ]	![いぬ]	![りす]
![ねこ]	![いぬ]	![りす]
![ねこ]	![いぬ]	![りす]
![ねこ]	![いぬ]	![りす]
ねこ	いぬ	りす

① どうぶつの　かずだけ　いろを　ぬりましょう。

② いちばん　おおい　どうぶつは　なんですか。

（　　　　　　　　　　）

③ いちばん　すくない　どうぶつは　なんですか。

（　　　　　　　　　　）

かんがえよう! ―さんすうと　プログラミングー

　①, ②に　あてはまる　ものを　下の　┊┊┊の　中から　えらんで、
きごうで　こたえましょう。

　上の　**2**で、いぬと　りすを　あわせると　①　ひきに
なります。また、りすと　ねこを　あわせると　②　ひきです。

┊　⑦ 5　　⑦ 7　　⑨ 6　　⑨ 8　┊

①（　　　　　　　） ②（　　　　　　　）

1 えを　みて　こたえましょう。

左（ひだり）　みさき　そうた　あおい　たくみ　ゆうと　さくら　右（みぎ）

① 左から　2 ばんめは　だれですか。 （　　　　　　）

② 右から　4 ばんめは　だれですか。 （　　　　　　）

2 えを　みて　こたえましょう。

さる

ねこ

うさぎ

いぬ

りす

① 上（うえ）から　3 ばんめは　どの　どうぶつですか。

（　　　　　　）

② 上から　4 ばんめは　どの　どうぶつですか。

（　　　　　　）

③ 下（した）から　5 ばんめは　どの　どうぶつですか。

（　　　　　　）

3 いろを　ぬりましょう。

① 　まえから　**3** だい

② 　うしろから　**2** だい

③ 　まえから　**4** だいめ

かんがえよう！ 　ーさんすうと　プログラミングー

　①，②に　あてはまる　ものを　下の　┆＿＿┆の　中から　えらんで，
きごうで　こたえましょう。

　　左の　**1**　で，

たくみさんは　左から　①　ばんめで，

右から　②　ばんめです。

みさきさんは，
左から
1ばんめで，
右から
6ばんめだね。

| ⑦　2 | ⑦　4 | ⑦　5 | ⑦　3 |

①（　　　　　　　） 　②（　　　　　　　）

4 10までの かず

こたえは べっさつ3ページ

1 かずを すうじで かきましょう。

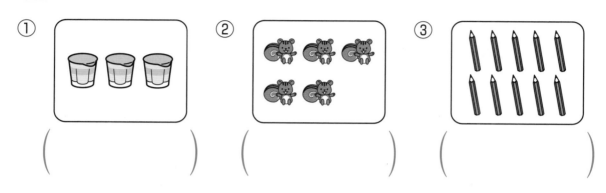

① (　　　　)　　② (　　　　)　　③ (　　　　)

2 □に あう かずを かきましょう。

① 2 ― 3 ― □　　　② 6 ― □ ― 4

③ 6 ― 7 ― □ ― 9 ― □

3 かずの 大きい ほうに ○を つけましょう。

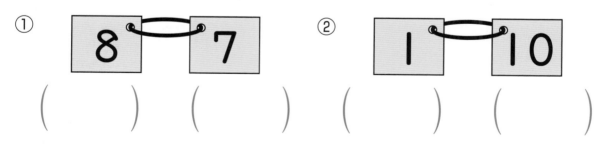

① 8 7　　② 1 10

(　　) (　　)　　(　　) (　　)

4 □に あう かずを かきましょう。

① 5は 3と □　　　② 1と □ で 5

5 □に あう かずを かきましょう。

① 6は 4と □

② 2と □ で 7

③ 8は □ と 1

④ □ と 3で 9

6 □に あう かずを かきましょう。

① 10は 2と □

② 10は □ と 7

③ 6と □ で 10

④ □ と 9で 10

かんがえよう! ―さんすうと プログラミング―

①, ②に あてはまる ものを 下の □ の 中から えらんで, きごうで こたえましょう。

| 7は 3と 6 | 8は 2と 4 |

| 9は 6と 2 | 10は 5と 5 |

・上の カードで 正しいのは, ① まいです。

・上の カードで まちがっているのは, ② まいです。

⑦ 3　　⑦ 2　　⑦ 4　　⑦ 1

①(　　　　　　)　②(　　　　　　)

11

5 おはじきを　うごかそう！

下の　ずで，おはじきを　スタートの　ますから　→の　むきに
うごかします。

（れい）おはじきを　つぎのように　うごかします。おはじきは　どの
かずの　ますに　うごきますか。

```
2ます　すすむ
   ↓
1ます　すすむ
   ↓
1ます　すすむ
```

おはじきの　うごきを
せんで　かきこんで　かんがえよう。

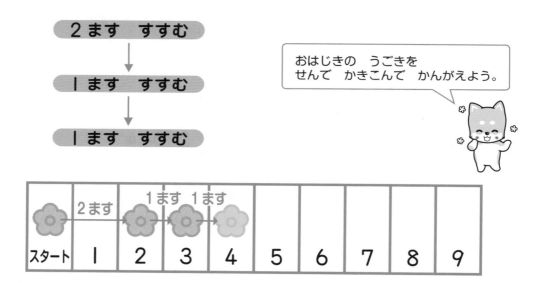

（こたえ）　4の　ます

1 おはじきを　つぎのように　うごかします。おはじきは　どの
かずの　ますに　うごきますか。

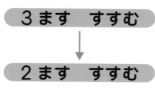

（　　　　）の　ます

12

2 おはじきを つぎのように うごかします。おはじきは どの
かずの ますに うごきますか。

> 1ます すすむ
>
> ↓
>
> 2ます すすむ
>
> ↓
>
> 3ます すすむ

(   )の ます

3 おはじきを 9の ますまで すすめます。
□に あてはまる かずを こたえましょう。

① 8ます すすむ
↓
□ます すすむ

(   )

> ぜんぶで 9ます
> すすめるんだよ。

② 6ます すすむ
↓
□ます すすむ

(   )

③ 3ます すすむ
↓
2ます すすむ
↓
□ます すすむ

(   )

6 たしざん(1)

1 つぎの たしざんを しましょう。

① 1+3

② 3+2

③ 4+1

④ 2+2

⑤ 3+4

⑥ 4+4

⑦ 2+7

⑧ 5+1

⑨ 6+3

⑩ 1+6

⑪ 2+4

⑫ 3+5

⑬ 9+1

⑭ 5+5

⑮ 6+4

⑯ 2+8

⑰ 0+4

⑱ 9+0

2 白い 花が **2**本, 赤い 花が **5**本 さいて います。花は
あわせて なん本 さいて いますか。

しき

こたえ （　　　　　　　　）

3 ねこが **3** びき います。そこへ ねこが **7** ひき きました。
ねこは ぜんぶで なんびきに なりましたか。

しき

こたえ （　　　　　　　　）

かんがえよう！ ーさんすうと プログラミングー

①, ②に あてはまる ものを 下の ┌┄┐の 中から えらんで,
きごうで こたえましょう。

| 7+3 | 2+3 | 8+2 | 1+4 |

・上の カードで こたえが **5**に なるのは, ① です。

・上の カードで こたえが **10**に なるのは, ② です。

㋐ 7+3 と 2+3　　㋑ 2+3 と 1+4

㋒ 7+3 と 8+2　　㋓ 8+2 と 1+4

① （　　　　）　② （　　　　）

15

7 ひきざん(1)

1 つぎの　ひきざんを　しましょう。

① 3−2

② 5−3

③ 4−2

④ 2−1

⑤ 5−1

⑥ 6−3

⑦ 7−4

⑧ 8−8

⑨ 6−1

⑩ 1−0

⑪ 7−5

⑫ 10−2

⑬ 4−4

⑭ 10−5

⑮ 8−6

⑯ 7−0

⑰ 9−3

⑱ 10−9

2 みかんが 9 こ あります。5 こ たべると, のこりは なん こですか。

しき

こたえ（　　　　　　　　）

3 うしが 10 とう います。うまが 4 とう います。うしは うまより なんとう おおいですか。

しき

こたえ（　　　　　　　　）

かんがえよう！ ーさんすうと プログラミングー

①, ②に あてはまる ものを 下の ┊┊┊の 中から えらんで, きごうで こたえましょう。

| 5−2 | 9−4 | 10−7 | 10−5 |

・上の カードで こたえが 3に なるのは, ① です。

・上の カードで こたえが 5に なるのは, ② です。

┌─────────────────────────────────┐
｜　⑦　9−4 と 10−5　　　⑦　5−2 と 10−7　｜
｜　⑦　9−4 と 10−7　　　⑦　5−2 と 10−5　｜
└─────────────────────────────────┘

①（　　　　　　）　②（　　　　　　）

1　かずを　すうじで　かきましょう。

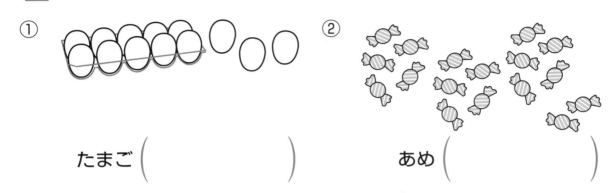

①　たまご（　　　　　　　）　　　　②　あめ（　　　　　　　　）

2　□に　あう　かずを　かきましょう。

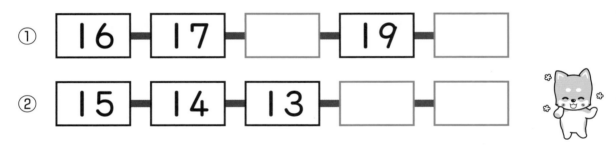

①　| 16 | 17 | | 19 | |

②　| 15 | 14 | 13 | | |

3　かずの　大きい　ほうに　○を　つけましょう。

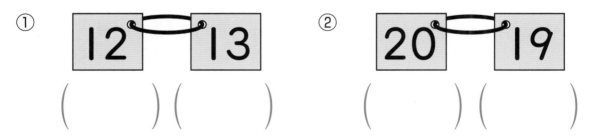

①　12　13　（　　）（　　）　　　②　20　19　（　　）（　　）

4　□に　あう　かずを　かきましょう。

①　10 と　4 で　□　　　②　10 と　7 で　□

18

5 ◻ に あう かず を かきましょう。

① 12 は 10 と ◻   ② 18 は 10 と ◻

③ 15 は ◻ と 5   ④ 19 は ◻ と 9

6 ◻ に あう かず を かきましょう。

① 14 より 2 大きい かずは ◻

② 15 より 2 小さい かずは ◻

かんがえよう！ —さんすうと プログラミング—

①，②に あてはまる ものを 下の ◻ の 中から えらんで，きごうで こたえましょう。

◻ 15 ◻ 14 ◻ 12 ◻ 19 ◻ 16 ◻ 18

・上の カードで，13より 小さいのは，①まいです。

・上の カードで，17より 大きいのは，②まいです。

┌─────────────────────────────┐
ⓐ 2   ⓘ 4   ⓦ 3   ⓔ 1
└─────────────────────────────┘

① (　　　)   ② (　　　)

9 とけい⑴

1 とけいを よみましょう。

①

( )

みじかい はりで なんじを よむよ。

②

( )

③

( )

④

( )

2 ①は みじかい はりを，②は ながい はりを かきましょう。

① 3 じ

② 1 じはん

20

3 とけいの　はりを　かきましょう。

① 4じ

② 10じ

③ 7じはん

④ 11じはん

かんがえよう！　ーさんすうと　プログラミングー

　①,　②に　あてはまる　ものを　下の　[＿＿]の　中から　えらんで、きごうで　こたえましょう。

　上の　とけいで　1じから　6じの　あいだの　ものは、①つ　あります。また、7じから　10じの　あいだの　ものは、②つ　あります。

┌─────────────────────────────┐
　　㋐ 3　　㋑ 1　　㋒ 2　　㋓ 4
└─────────────────────────────┘

①（　　　　　　　）　②（　　　　　　　）

10 はたは　どこに　うごく？

下の　ずで，赤い　はたを　→の　むきに　うごかします。

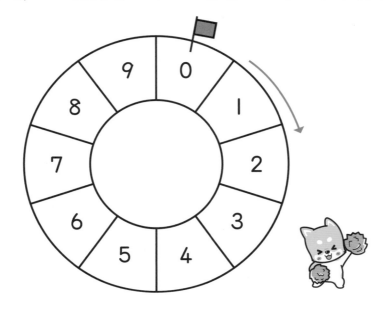

（れい）赤い　はたを，0の　ますに　おいて，つぎのように　うごかします。赤い　はたは，どの　かずの　ますに　うごきますか。

① 1ます　すすむ　ことを　2かい　くりかえす

↓

② 2ます　すすむ　ことを　2かい　くりかえす

①1＋1＝2　だから，赤い　はたは，2ます　すすみます。
　赤い　はたは，2の　ますに　うごきます。
②2＋2＝4　だから，赤い　はたは，4ます　すすみます。
　2の　ますから　4ます　すすむので，2＋4＝6
　赤い　はたは，6の　ますに　うごきます。
（こたえ）　6の　ます

じゅんばんに　1つずつ
かんがえて　いこう。

1 青い はたを, 0 の ますに おいて, つぎのように うごかします。青い はたは, どの かずの ますに うごきますか。

① 　　| 1ます すすむ ことを 3かい くりかえす |

　　↓

　　| 2ます すすむ ことを 2かい くりかえす |

(　　　　　) の ます

② 　　| 2ます すすむ ことを 3かい くりかえす |

　　↓

　　| 1ます すすむ ことを 3かい くりかえす |

(　　　　　) の ます

2 白い はたを, 2 の ますに おいて, つぎのように うごかします。白い はたは, どの かずの ますに うごきますか。

　　| 1ます すすむ ことを 2かい くりかえす |

　　↓

　　| 2ます すすむ ことを 2かい くりかえす |

2の ますから
はじめるんだね。

(　　　　　) の ます

23

11 ながさくらべ

こたえは べっさつ 7 ページ

1 ながい　ほうに　○を　つけましょう。

① （　　　）

（　　　）

② （　　　）

（　　　）

③ よこ

たて （　　　）

たて

おる

よこ （　　　）

④ たて （　　　）

たて

よこ （　　　）

よこ

2 ながさを　くらべます。

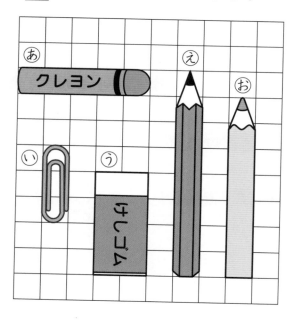

あ　クレヨン

え

お

い

う

けしゴム

① いちばん　ながいのは
どれですか。

（　　　　　）

② いちばん　みじかいのは
どれですか。

（　　　　　）

③ 3 ばんめに　ながいのは
どれですか。

（　　　　　）

24

3 つぎの　もんだいに　こたえましょう。

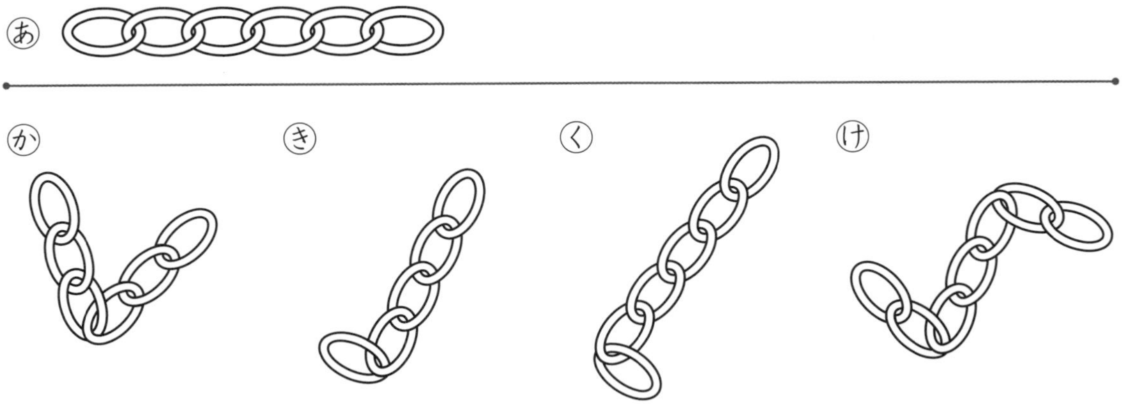

① あより　ながいのは　どれですか。　（　　　）

② あより　みじかいのは　どれですか。　（　　　）

③ あと　おなじ　ながさの　ものは　どれですか。ぜんぶ　かきましょう。（　　　）

かんがえよう！ ーさんすうと　プログラミングー

①，②に　あてはまる　ものを　下（した）の　［　　］の　中（なか）から　えらんで，きごうで　こたえましょう。

左（ひだり）の　**2**　で　2ばんめに　ながいのは　［①］ますぶん，2ばんめに　みじかいのは　［②］ますぶんです。

ア　3　　イ　4　　ウ　8　　エ　7

①（　　　）　②（　　　）

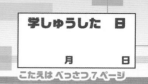

1 おおい　ほうに　○を　つけましょう。

①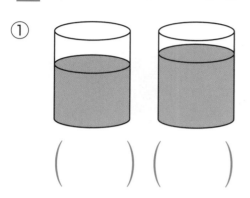

（　　　）（　　　）

②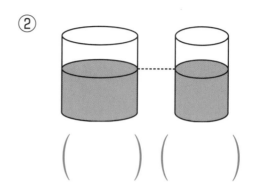

（　　　）（　　　）

2 どちらが　おおく　入りますか。きごうで　こたえましょう。

①

（　　　　　）

②

（　　　　　）

3 おおく　入る　じゅんに　きごうを　かきましょう。

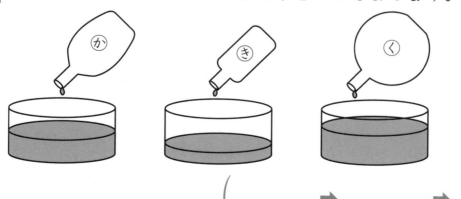

（　　　　➡　　　　➡　　　　）

26

4 おおく 入る じゅんに きごうを かきましょう。

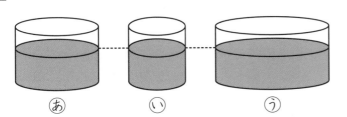
ⓐ　　　　　ⓘ　　　　　　　ⓤ

たかさが おなじ ときは,
いれものの 大きさで
くらべるよ。

（　　　　➡　　　　➡　　　　）

5 どちらが どれだけ おおく 入りますか。

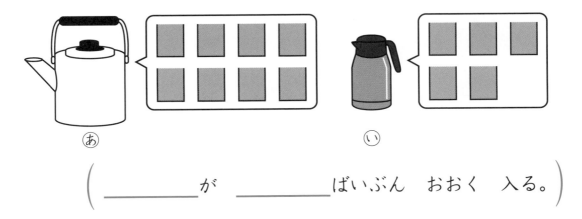
ⓐ　　　　　　　　　　　　　　　　　　ⓘ

（＿＿＿＿＿＿が ＿＿＿＿＿ばいぶん おおく 入る。）

かんがえよう！ ーさんすうと プログラミングー

①, ②に あてはまる ものを 下の ▢ の 中から えらんで,
きごうで こたえましょう。

・左の **1** ①では, 水の ①でくらべて います。

・左の **1** ②では, いれものの ②でくらべて います。

⸢ ⑦ たかさ　　④ いろ　　⑦ 大きさ　　⑤ むき ⸥

①（　　　　　）　　②（　　　　　）

27

1 つぎの　たしざんを　しましょう。

① 10+3

② 5+10

③ 10+9

④ 2+10

⑤ 10+7

⑥ 8+10

⑦ 10+10

⑧ 10+0

⑨ 13+1

⑩ 12+3

⑪ 11+2

⑫ 13+3

⑬ 12+5

⑭ 16+3

⑮ 17+1

⑯ 15+4

⑰ 13+5

⑱ 16+1

2 女の子が　10人，男の子が　6人　います。あわせて　なん人 いますか。

しき

こたえ（　　　　　　）

3 まゆみさんは　あめを　13こ　もって　います。おにいさんか ら　4こ　もらいました。　ぜんぶで　なんこに　なりましたか。

しき

こたえ（　　　　　　）

かんがえよう！　ーさんすうと　プログラミングー

　①，②に　あてはまる　ものを　下の　　　　の　中から　えらんで， きごうで　こたえましょう。

・こたえが　15に　なるのは，①　です。

・こたえが　19に　なるのは，②　です。

```
㋐　14+5
㋑　10+5
㋒　10-5
㋓　10-9
```

たしざんと　ひきざんを まちがえないように しよう。

①（　　　　　　）　　②（　　　　　　）

14 たしざん⑶

こたえは べっさつ 8 ページ

1 つぎの　たしざんを　しましょう。

① 9+4

② 8+3

> 9は　あと
> 1で10に
> なるから，
> 4を　1と
> 3に　わけて
> かんがえるよ。

③ 9+8

④ 8+5

⑤ 7+7

⑥ 9+6

⑦ 6+8

⑧ 7+6

⑨ 5+7

⑩ 8+8

⑪ 3+8

⑫ 4+9

⑬ 6+9

⑭ 5+9

⑮ 4+7

⑯ 3+9

⑰ 2+9

⑱ 4+8

2 ものがたりの 本が 5 さつ, ずかんが 8 さつ あります。
あわせて なんさつ ありますか。

しき

こたえ (　　　　　　　)

3 すずめが 9 わ います。そこへ 7 わ とんで きました。
すずめは ぜんぶで なんわに なりましたか。

しき

こたえ (　　　　　　　)

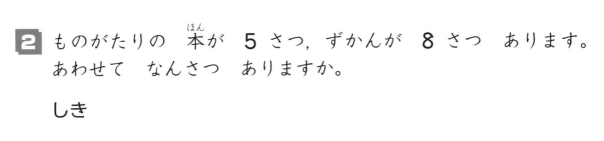

かんがえよう！ ーさんすうと プログラミングー

①, ②に あてはまる ものを 下の ┌┄┄┐の 中から えらんで,
きごうで こたえましょう。

| 6+8 | 7+7 | 9+3 | 9+5 |

・上の カードで, こたえが 12に なるのは, ① まいです。

・上の カードで, こたえが 14に なるのは, ② まいです。

┌┄┄┄┄┄┄┄┄┄┄┄┄┄┄┄┄┄┄┄┄┄┄┄┄┄┄┄┄┄┐
　　　⑦ 1　　⑦ 2　　⑦ 3　　㋒ 4
└┄┄┄┄┄┄┄┄┄┄┄┄┄┄┄┄┄┄┄┄┄┄┄┄┄┄┄┄┄┘

①(　　　　　) ②(　　　　　)

とりロボットを　うごかします。めいれいは，

　　I ます　すすむ，　　右（みぎ）に　まわる，　　左（ひだり）に　まわる

を　くみあわせて　つくります。

（れい）

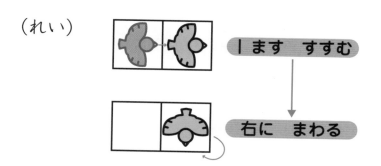

I ます　すすむ

右に　まわる

まわるだけで
すすまないよ。

1 　つぎのような　めいれいを　すると，とりロボットは
　　どのように　すすみますか。きごうで　こたえましょう。

①

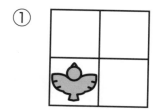

右に　まわる

I ます　すすむ

⑦ 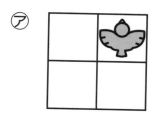　　⑦ 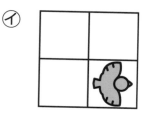　　⑦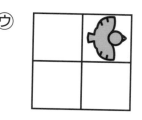

（　　）

②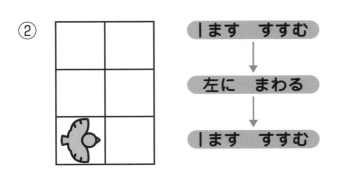

さいごに
1ます
すすむんだね。

㋙ 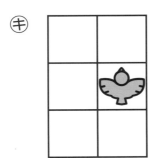 ㋠ ㋗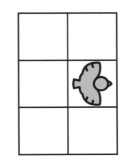

( )

2 とりロボットが 右のように すすみました。
どのような めいれいを しましたか。
つづきを かきましょう。

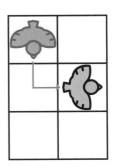

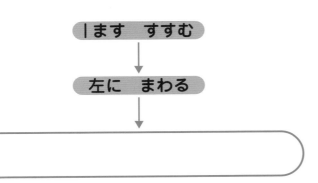

「左に まわる」の
あとに なんます
すすんだかな?

16 ひきざん⑵

1 つぎの　ひきざんを　しましょう。

① 13-3

② 16-10

③ 12-10

④ 14-4

⑤ 18-8

⑥ 15-10

⑦ 19-9

⑧ 20-10

⑨ 18-4

⑩ 13-2

⑪ 12-1

⑫ 16-2

⑬ 15-3

⑭ 17-4

⑮ 14-2

⑯ 19-2

⑰ 18-3

⑱ 17-1

2 おはじきが 17こ あります。ともだちに 7こ あげました。
のこりは なんこに なりましたか。

しき

こたえ （　　　　　　　）

3 ねずみが 19ひき, ねこが 4ひき います。ねずみは ねこ
より なんびき おおいですか。

しき

こたえ （　　　　　　　）

かんがえよう! ーさんすうと　プログラミングー

①, ②に あてはまる ものを 下の ┊　┊の 中から えらんで,
きごうで こたえましょう。

・こたえが 10に なるのは, ① です。

・こたえが 12に なるのは, ② です。

```
  ㋐  13-1
  ㋑  13+1
  ㋒  16-6
  ㋓  10+6
```

たしざんと ひきざんを
まちがえないように
しよう。

① （　　　　　　　）　② （　　　　　　　）

35

17 ひきざん(3)

こたえは べっさつ 10 ページ

1 つぎの　ひきざんを　しましょう。

① 13－8

13を 10と
3に わけて,
10－8は
2だから,
2と 3で…

② 12－5

③ 14－6

④ 11－5

⑤ 16－7

⑥ 12－6

⑦ 12－8

⑧ 15－7

⑨ 11－9

⑩ 14－7

⑪ 15－9

⑫ 16－8

⑬ 17－9

⑭ 13－4

⑮ 11－7

⑯ 14－9

⑰ 13－7

⑱ 18－9

2 えんぴつが　12本　あります。9本　つかいました。のこりは
なん本ですか。

しき

こたえ（　　　　　　　）

3 きってが　17まい　あります。ふうとうが　8まい　あります。
きっては　ふうとうより　なんまい　おおいですか。

しき

こたえ（　　　　　　　）

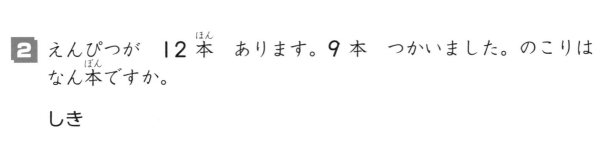

①，②に　あてはまる　ものを　下の　[＿＿]の　中から　えらんで，
きごうで　こたえましょう。

| 11－5 | 15－7 | 15－6 | 14－8 |

・上の　カードで，こたえが　6に　なるのは，①まいです。

・上の　カードで，こたえが　9に　なるのは，②まいです。

⑦ 4　　⑦ 3　　⑦ 2　　⑦ 1

①（　　　　　）　②（　　　　　）

18 ひろさくらべ

1 どちらが　ひろいですか。きごうで　こたえましょう。

①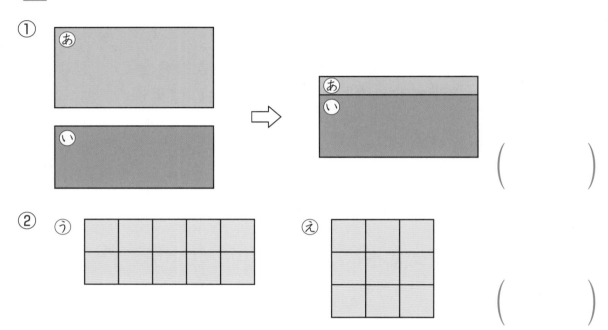

（　　　　）

② （　　　　）

2 ひろい　じゅんに　きごうを　かきましょう。

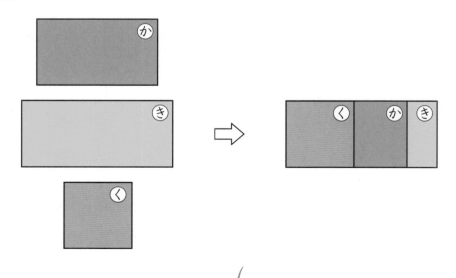

（　　　　➡　　　　➡　　　　）

38

3 ひろい　じゅんに　きごうを　かきましょう。

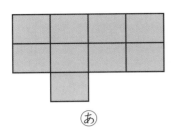

あ

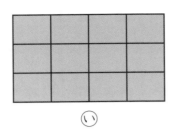

い

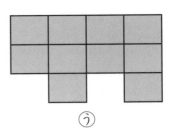

う

$$(\qquad \rightarrow \qquad \rightarrow \qquad)$$

4 赤と　白では　どちらが　ひろいですか。

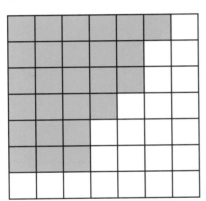

かずを　かぞえて
くらべよう。

$$(\qquad)$$

かんがえよう！　－さんすうと　プログラミングー

①，②に　あてはまる　ものを　下の　▢の　中から　えらんで，きごうで　こたえましょう。

上の　**3**の　ずに　ついて　かんがえます。

・あの　ずは，小さい　しかくが　①こ　あります。

・うの　ずは，小さい　しかくが　②こ　あります。

⑦　12　　④　10　　⑦　9　　⑨　8

①(　　　　　)　②(　　　　　)

19 つみきの かたち

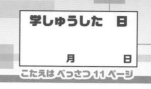

学しゅうした 日

月　　　日

こたえは べっさつ 11 ページ

1 にて いる かたちを せんで むすびましょう。

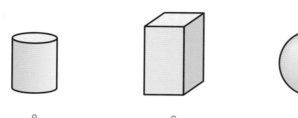 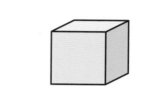

2 うつした かたちを せんで むすびましょう。

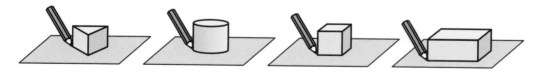

  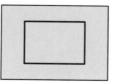 

3 つかって いる つみきの かずを かきましょう。

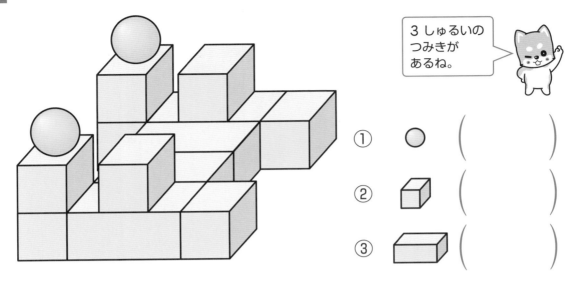

3 しゅるいの
つみきが
あるね。

① ⚪ (　　　　　)

② ◻ (　　　　　)

③ ▭ (　　　　　)

かんがえよう！ ーさんすうと プログラミングー

①, ②に あてはまる ものを 下(した)の ┆▢┆の 中(なか)から えらんで,
きごうで こたえましょう。

  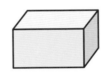

　上(うえ)の ずで まるい かたちには ☆の シールを, かさねる
ことの できる かたちには ◎の シールを はります。

・☆の シールを はられた かたちは ①つ あります。

・◎の シールを はられた かたちは ②つ あります。

┈┈┈┈┈┈┈┈┈┈┈┈┈┈┈┈┈┈┈┈┈┈┈┈┈┈┈
　⑦ 2　　⑦ 1　　⑨ 4　　⑤ 3
┈┈┈┈┈┈┈┈┈┈┈┈┈┈┈┈┈┈┈┈┈┈┈┈┈┈┈

①(　　　　　)　②(　　　　　)

1 下^{した}のような　**5**つの　かたちが　あります。

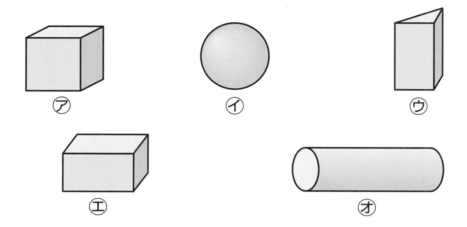

⑦　　　　　　　　⑦　　　　　　　　⑦

⑦　　　　　　　　　　　　　　⑦

これを　つぎのように　わけて　いきます。

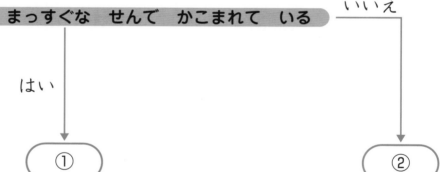

いいえ

まっすぐな　せんで　かこまれて　いる

はい

① 　　　　　　　　　　　　　②

①, ②に　あてはまる　かたちを　きごうで　すべて
こたえましょう。

① (　　　　　　　　　　　　　)

② (　　　　　　　　　　　　　)

2 下のような 3つの かたちが あります。

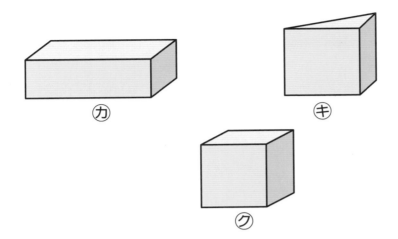

これを つぎのように わけて いきます。

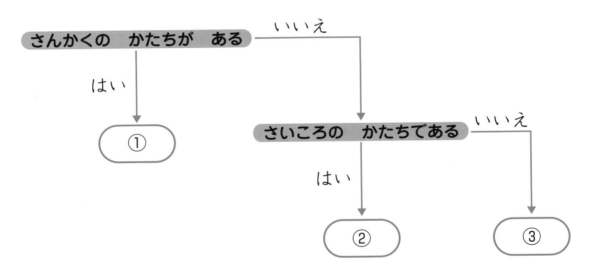

①～③に あてはまる かたちを きごうで こたえましょう。

① (　　　　　　　)

② (　　　　　　　)

③ (　　　　　　　)

21 とけい⑵

1 とけいの　はりは　なんぷんを　さして　いますか。

①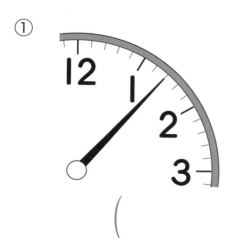

（　　　　　）

ながい
はりの
１めもりは
１ぷんだよ。

②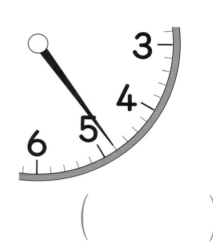

（　　　　　）

2 とけいを　よみましょう。

①

（　　　　　）

②

（　　　　　）

③

（　　　　　）

④

（　　　　　）

3 ながい はりを かきましょう。

① 5じ3ぷん

② 9じ26ぷん

③ 1じ37ふん

④ 7じ44ぷん

かんがえよう！ ーさんすうと　プログラミングー

①, ②に あてはまる ものを 下の の 中から えらんで、
きごうで こたえましょう。

上の とけいで 2じ○ふんの ものは、 ① つ あります。

また、 △じ15ふんの ものは、 ② つ あります。

ア 2　　イ 3　　ウ 1　　エ 4

① (　　　　　　　) ② (　　　　　　　)

こたえは べっさつ 12 ページ

1 つぎの けいさんを しましょう。

① 4+2+3

まえから
じゅんに
けいさん
するよ。

② 6+3+1

③ 3+7+6

④ 8+2+9

⑤ 8-4-3

⑥ 10-5-1

⑦ 17-7-2

⑧ 18-8-6

⑨ 6-5+4

⑩ 7+1-6

⑪ 10-9+5

⑫ 14+5-2

2 いちごが 15こ あります。5こ たべました。また 3こ たべました。のこりは なんこですか。1つの しきに かいて, こたえを もとめましょう。

しき

こたえ （　　　　　　　　）

3 はとが 6わ います。4わ きました。その あと 7わ とんで いきました。はとは なんわに なりましたか。1つ の しきに かいて, こたえを もとめましょう。

しき

こたえ （　　　　　　　　）

かんがえよう！ ーさんすうと プログラミングー

①, ②に あてはまる ものを 下の ◻の 中から えらんで, きごうで こたえましょう。

◻ ○＋△－□ の けいさんを します。

・○が 8, △が 1, □が 5の とき,

　○＋△－□の こたえは, ①です。

・○が 13, △が 4, □が 2の とき,

　○＋△－□の こたえは, ②です。

⑦ 15　　⑦ 4　　⑨ 19　　⑤ 14

①（　　　　　）　　②（　　　　　）

1 かずを すうじで かきましょう。

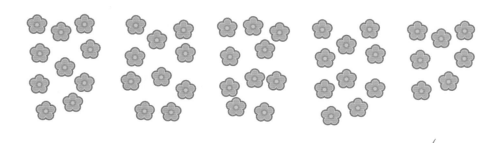

（　　　　　　　　　）

2 □に あう かずを かきましょう。

① | 60 | 70 | | 90 | |

② | 116 | 117 | 118 | | |

3 かずの 大きい ほうに ○を つけましょう。

① 92 89

（　　　）（　　　）

② 90 100

（　　　）（　　　）

4 □に あう かずを かきましょう。

① 10が 5こと 1が 8こで □

② 10が 8こと 1が 3こで □

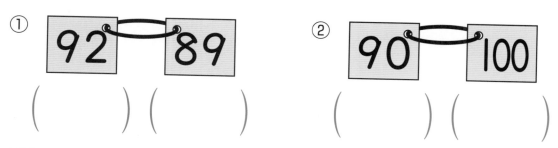

10が 5こ→50
1が 8こ→ 8
50と 8で…

5 ◻ に あう かずを かきましょう。

① 39 は 10 が ◻ ことと 1 が ◻ こ

② 65 は 10 が ◻ ことと 1 が ◻ こ

6 ◻ に あう かずを かきましょう。

① 98 より 2 大きい かずは ◻

② 71 より 2 小_{ちい}さい かずは ◻

かんがえよう! ーさんすうと プログラミングー

①, ②に あてはまる ものを 下_{した}の ◻ の 中_{なか}から えらんで, きごうで こたえましょう。

| 57 | 61 | 28 | 36 | 78 | 45 |

・上_{うえ}の カードで, 30より 小さいのは, ① まいです。

・上の カードで, 60より 大きいのは, ② まいです。

⑦ 1 　 ⑦ 2 　 ⑦ 3 　 ⑤ 4

① (　　　　) 　 ② (　　　　)

24 たしざん(4)

1 つぎの　たしざんを　しましょう。

① 20+30

10の　たばで
かんがえよう。

② 40+50

③ 70+10

④ 80+20

⑤ 30+5

⑥ 50+2

⑦ 90+4

⑧ 7+60

⑨ 3+70

⑩ 8+40

⑪ 24+3

⑫ 51+3

⑬ 72+4

⑭ 93+6

⑮ 48+20

⑯ 65+30

⑰ 33+40

⑱ 29+60

2 30 円の あめと 70 円の ガムを かいます。あわせて なん円ですか。

しき

こたえ (   )

3 カードを 85 まい もって います。おにいさんから 4 まい もらいました。カードは ぜんぶで なんまいに なりましたか。

しき

こたえ (   )

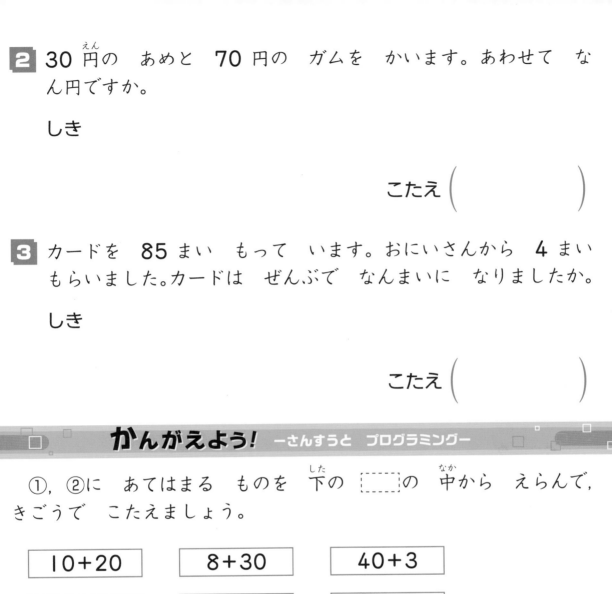

かんがえよう！ ―さんすうと プログラミング―

①，②に あてはまる ものを 下の ⬚ の 中から えらんで，きごうで こたえましょう。

| 10+20 | 8+30 | 40+3 |
| 24+30 | 25+4 | 20+40 |

・上の カードで，こたえが 40より 小さいのは ① まいです。

・上の カードで，こたえが 50より 大きいのは ② まいです。

㋐ 5　　㋑ 4　　㋒ 3　　㋓ 2

① (   )　　② (   )

25 ひきざん(4)

1 つぎの　ひきざんを　しましょう。

① 50－20

57を
50と　7に
わけて…

② 70－30

③ 100－50

④ 100－80

⑤ 57－7

⑥ 84－4

⑦ 92－2

⑧ 68－60

⑨ 43－40

⑩ 79－70

⑪ 56－1

⑫ 48－3

⑬ 86－4

⑭ 93－2

⑮ 67－40

⑯ 39－20

⑰ 78－10

⑱ 95－50

2 がようしが **35** まい あります。**5** まい つかうと、
のこりは なんまいですか。

しき

こたえ （　　　　　）

3 子どもが **69** 人 います。おとなは 子どもより **7** 人 すく
ないそうです。おとなは なん人 いますか。

しき

こたえ （　　　　　）

かんがえよう！ ―さんすうと プログラミングー

①，②に あてはまる ものを 下の ┌┈┈┐の 中から えらんで、
きごうで こたえましょう。

80−50	49−9	95−20
64−3	100−20	76−70

・上の カードで、こたえが **60**より 小さいのは ①まいです。

・上の カードで、こたえが **70**より 大きいのは ②まいです。

⑦ 2　　⑦ 3　　⑦ 4　　⑦ 5

① （　　　　　）　② （　　　　　）

○ □ △ ☆ の　カードに，つぎの　かずを　かきます。

○←2　　　□←3　　　△←5　　　☆←8

(れい)つぎの　けいさんを　しましょう。

① ○+□

　　○に　2，□に　3を　入れると，2+3　です。
(こたえ)　5

② △+□−○

　　△に　5，□に　3，○に　2を
　　入れると，5+3−2　です。
(こたえ)　6

カードに　かずを　あてはめよう。

1 上の　カードを　つかって　つぎの　けいさんを　しましょう。

① ○+△

（　　　　　　）

② ☆−□

（　　　　　　）

③ ○+☆−△

（　　　　　　）

2 ◯ ☐ △ ☆ の カードに, つぎの かずを かきます。

◯←1　　☐←4　　△←7　　☆←9

上の カードを つかって つぎの けいさんを しましょう。

① ◯＋☆

> どの カードに
> どの かずが 入るかを
> まちがえないように しよう。

（　　　　　）

② △－☐

（　　　　　）

③ ◯＋☆＋△

（　　　　　）

④ ☆－◯－☐

（　　　　　）

⑤ △－◯＋☆

（　　　　　）

1 子どもが 3人 います。みかんを 1人に 2こずつ くばります。みかんは ぜんぶで なんこ いりますか。しきを かいて，こたえを もとめましょう。

しき

こたえ (   )

2 あめ 8こを おなじ かずずつ わけます。

① 2人では，1人に なんこずつですか。 (   )

② 4人では，1人に なんこずつですか。 (   )

3 子どもが 4人 います。いろがみを 1人に 3まいずつ くばります。いろがみは ぜんぶで なんまい いりますか。

① ○を つかって ずを かきましょう。

② しきを かいて，こたえを もとめましょう。

しき

こたえ (   )

4 えんぴつ 10本を おなじ かずずつ わけます。

① 2人では，1人に なん本ずつですか。○を つかって ずを
かいて，こたえを もとめましょう。

こたえ （　　　　　　）

② 5人では，1人に なん本ずつですか。○を つかって ずを
かいて，こたえを もとめましょう。

こたえ （　　　　　　）

かんがえよう！ ーさんすうと プログラミングー

①，②に あてはまる ものを 下の ◌◌◌ の 中から えらんで，
きごうで こたえましょう。

子どもが ○人 います。あめを 1人に 2こずつ
くばります。

・○が 4の とき，あめは ① こ いります。

・○が 5の とき，あめは ② こ いります。

⑦ 4　④ 10　⑨ 8　① 5

①（　　　　　） ②（　　　　　）

57

28 いろいろな かたち

1 3 まいで かたちを つくりました。ならべかたが わかるように せんを かきましょう。

①

②

2 5 まいで かたちを つくりました。ならべかたが わかるように せんを かきましょう。

① 　　

②

3 ぼうで かたちを つくりました。つかって いる ぼうの かずを かきましょう。

①

②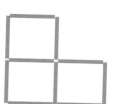

（　　　　　　）　　　　（　　　　　　）

58

4 ぼうで かたちを つくりました。つかって いる ぼうの
かずを かきましょう。

①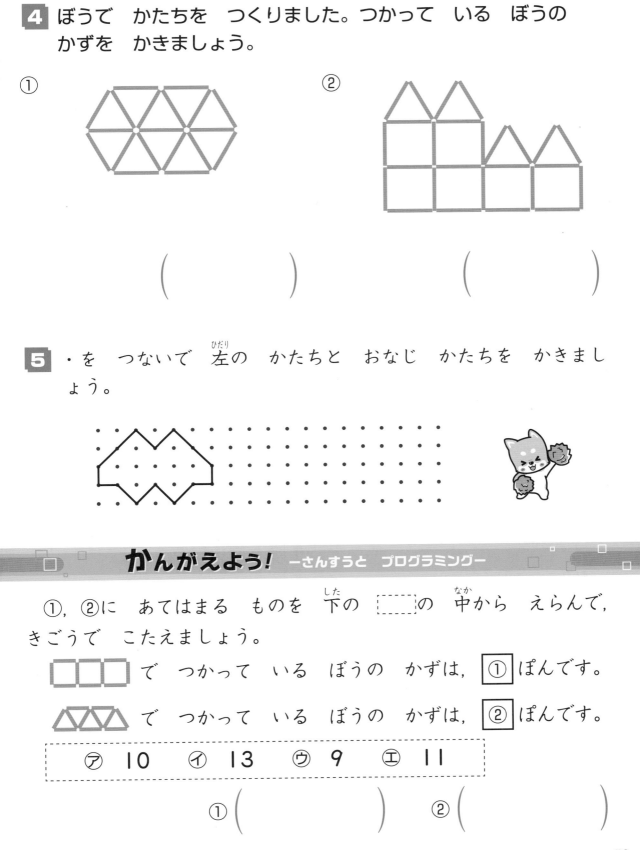

②

(　　　　　)　　　　　(　　　　　)

5 ・を つないで 左の かたちと おなじ かたちを かきまし
ょう。

かんがえよう！ ーさんすうと プログラミングー

①, ②に あてはまる ものを 下の [＿＿] の 中から えらんで,
きごうで こたえましょう。

□□□ で つかって いる ぼうの かずは, ①ぽんです。

△△△ で つかって いる ぼうの かずは, ②ぽんです。

⑦ 10　　⑦ 13　　⑦ 9　　① 11

①(　　　　　)　　②(　　　　　)

1 つぎの ずを みて こたえましょう。

りく	ゆあ	けんと	たくみ	まゆ	ななみ
みさき	りょう	りん	いつき	あおい	れん
ゆうた	まい	あかり	だいち	すず	さな
はるひ	やまと	あい	ゆうと	けんや	さくら
たくと	すみれ	たろう	ひなた	しょう	そうた

① 上から 2 ばんめで, 左から 4 ばんめに ある くつは だれの くつですか。

（　　　　　　　）

② 下から 3 ばんめで, 右から 2 ばんめに ある くつは だれの くつですか。

（　　　　　　　）

③ 上から 5 ばんめで, 右から 5 ばんめに ある くつは だれの くつですか。

（　　　　　　　）

2 左の　ずを　みて，□に　あてはまる　かずを　かきましょう。

① あおいさんの　くつは，上から　　□　ばんめ，左から　　□
ばんめに　あります。

② ゆうとさんの　くつは，上から　　□　ばんめ，右から　　□
ばんめに　あります。

③ あかりさんの　くつは，下から　　□　ばんめ，左から　　□
ばんめに　あります。

④ けんとさんの　くつは，下から　　□　ばんめ，右から　　□
ばんめに　あります。

かんがえよう！ ―さんすうと　プログラミング―

①，②に　あてはまる　ものを　下の　└┄┄┘の　中（なか）から　えらんで，
きごうで　こたえましょう。

　左の　**1**　の　ずに　ついて　かんがえます。
　さくらさんの　くつから　みると，りょうさんの　くつは，
上に　①つ，　左に　②つの　ところに　あります。

さくらさんの　くつから
かんがえよう。

㋐ 2　㋑ l　㋒ 3　㋓ 4

① (　　　　　　)　② (　　　　　　)

61

3けたの　かずを　つくろう！

下のような　ますに　かずを　入れて　3けたの　かずを　つくります。

（れい）つぎのように　かずを　入れると，どんな　かずが　できますか。

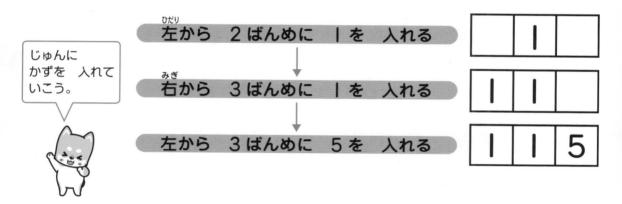

じゅんに　かずを　入れて　いこう。

左から　2ばんめに　1を　入れる

| | 1 | |

右から　3ばんめに　1を　入れる

| 1 | 1 | |

左から　3ばんめに　5を　入れる

| 1 | 1 | 5 |

（こたえ）　115

1　つぎのように　かずを　入れると，どんな　かずが　できますか。

左から　1ばんめに　1を　入れる

右から　2ばんめに　0を　入れる

左から　3ばんめに　7を　入れる

（　　　　　　　　　　）

2 つぎのように かずを 入れると, どんな かずが できますか。

①

> 右から 3 ばんめに 4−3の こたえを 入れる

> 左から 3 ばんめに 10−2の こたえを 入れる

> 右から 2 ばんめに 5−5の こたえを 入れる

(   )

②

> 左から 2 ばんめに 3+6−8の こたえを 入れる

> 右から 1 ばんめに 7−3−1の こたえを 入れる

> 右から 3 ばんめに 10−9の こたえを 入れる

(   )

3 上の もんだいの ①で できた かずと, ②で できた
かずは, どちらが 大きいですか。

(   )

63

初版
第1刷　2020年5月1日　発行

●編　者
　数研出版編集部
●カバー・表紙デザイン
　株式会社クラップス

発行者　星野　泰也
ISBN978-4-410-15347-1

チャ太郎ドリル　小1　さんすうと　プログラミング

発行所　数研出版株式会社

本書の一部または全部を許可なく
複写・複製することおよび本書の
解説・解答書を無断で作成するこ
とを禁じます。

〒101-0052 東京都千代田区神田小川町2丁目3番地3
　　　　　　〔振替〕00140-4-118431
〒604-0861 京都市中京区烏丸通竹屋町上る大倉町205番地
〔電話〕代表（075）231-0161
ホームページ　https://www.chart.co.jp
印刷　河北印刷株式会社
　　　乱丁本・落丁本はお取り替えいたします　200301

解答と解説

よくがんばりました！

1 あつまりと　かず

解答

1

2 ①

② （　）（◯）　（皿に◯）

3 ① （　）　② （◯）
　　　（◯）　　　　（　）
　（鉛筆に◯）　（バナナに◯）

かんがえよう！
① エ　② ウ

解説

1 ①犬2ひきを◯◯◯で囲みます。
　　　1ぴきずつ囲んでも正解です。
　　②猫3びきを◯◯◯で囲みます。
　　　1ぴきずつ囲んでも正解です。
2 ②線で結ぶと，皿が1まいあま
　　　るので，皿のほうが多いです。
3 ①鉛筆と消しゴムを線で結んで比
　　　べるとわかりやすいです。
　　②3つの果物のうち，比べるの
　　　はバナナとメロンです。線で
　　　結ぶと，バナナが1本あまる
　　　ので，バナナのほうが多いです。

かんがえよう！
　いちごは7個，バナナは6本あります。

2 かずしらべ

解答

1 ①

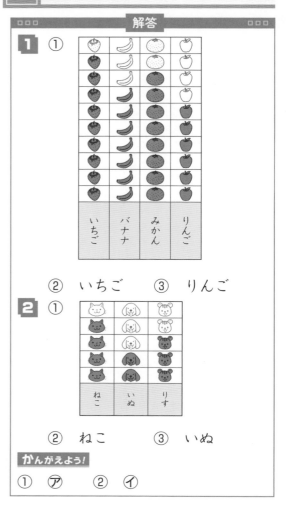

いちご	バナナ	みかん	りんご

② いちご　③ りんご

2 ①

ねこ	いぬ	りす

② ねこ　③ いぬ

かんがえよう！
① ⑦　② ⑦

解説

1 ①数え忘れをしないように，印を
　　　つけながら数えます。
　　②③いちご…9個，バナナ…7本，
　　　みかん…8個，りんご…6個
　　　色をぬってから比べると，い
　　　ちばん多い果物や少ない果物
　　　がよくわかります。
2 ②③ねこ…4ひき，いぬ…2ひき，
　　　りす…3びき

かんがえよう！
　いぬは2ひき，りすは3びき，ねこは
4ひきいます。

解答（3）

■1　① そうた（さん）
　　② あおい（さん）
■2　① うさぎ　　② いぬ
　　③ さる
■3　①

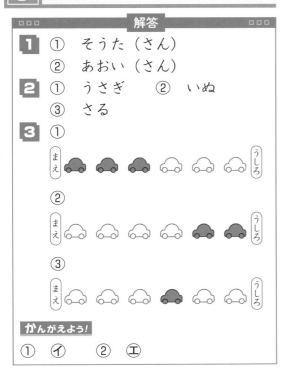

②

③

かんがえよう!
① イ　　　② エ

解答（4）

■1　① 3　　　② 5
　　③ 10
■2　① 4　　　② 5
　　③ （順に）　8，10
■3　① （○）（　）（左に○）
　　② （　）（○）（右に○）
■4　① 2　　　② 4
■5　① 2　　　② 5
　　③ 7　　　④ 6
■6　① 8　　　② 3
　　③ 4　　　④ 1

かんがえよう!
① エ　　　② ア

解説（3）

■1　数は順序を表すときにも使います。
　①左右の順序を数を使って表します。左から1，2と数えて，2番目の人を答えましょう。
　②右から1，2，3，4と数えて，4番目の人を答えます。
■2　①いちばん上のさるから数えて3番目の動物はうさぎです。
　③いちばん下のりすから数えて5番目はさるです。さるは上から1番目で下から5番目です。
■3　③「まえから　4だいめ」なので，4台目だけに色をぬります。①②「○だい」とのちがいをしっかり理解しましょう。

かんがえよう!
　たくみさんは左から4番目で，右から3番目です。

解説（4）

■1　1，2，3，…と言いながら，印をつけて数えるとよいでしょう。
■2　①1ずつ大きくなっています。
　②1ずつ小さくなっています。
　③1ずつ大きくなっています。
■3　●ポイント●
　　1〜10の数について，数の並びをしっかり覚えることが大切です。この並びを身につけることで，数の大小比較もできるようになります。

■4■5　数の分解・合成ができるようにします。「5は3と2」→「3と2で5」のように練習しましょう。
■6　10の分解・合成は難しいので，しっかり覚えましょう。

かんがえよう!
　10は　5と　5のカードは正しいですが，他のカードはまちがっています。

5 おはじきを　うごかそう！

1 5

2 6

3 ① 1　　② 3　　③ 4

解説

1 スタートから3ます進むと, おはじきは, 3のますに動きます。そこから, 2ます進むと, 5のますに動きます。おはじきは, 5ます動くことになります。

2 1ます, 2ます, 3ますと進むので, おはじきは, 6のますに動きます。

3 ①8ますと□ます進むと9のますに動くので, 8とあとどれだけで9になるかを考えます。□に入る数は, 1です。

②6ますと□ます進むと9のますに動くので, ①と同様に, 6とあとどれだけで9になるかを考えます。□に入る数は, 3です。

③3ます進み, そのあと, 2ます進んでいるので, ここまでで, 5ます進んでいることがわかります。あとは, ②と同様に, 5とあとどれだけで9になるかを考えます。

6 たしざん(1)

解答

1 ① 4　　　　② 5
③ 5　　　　④ 4
⑤ 7　　　　⑥ 8
⑦ 9　　　　⑧ 6
⑨ 9　　　　⑩ 7
⑪ 6　　　　⑫ 8
⑬ 10　　　⑭ 10
⑮ 10　　　⑯ 10
⑰ 4　　　　⑱ 9

2 しき　2+5=7
こたえ　7本

3 しき　3+7=10
こたえ　10ぴき

かんがえよう！

①　イ　　　②　ウ

解説

1 和が10までのたし算のしかたを理解し, くり返し練習しましょう。

⑬〜⑯和が10になるたし算です。あわせると10になる2つの数の組み合わせをしっかり身につけましょう。

⑰⑱

◆ポイント◆
0にある数をたしてもある数に0をたしても答えはある数のままです。

2 あわせた数を求めるので, たし算になります。

3 初めのねこの数にあとから来たねこの数をたして全部の数を求めます。

かんがえよう！

7+3=10, 8+2=10です。

7 ひきざん(1)

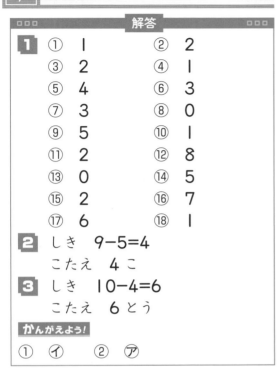

解答

1
- ① 1
- ② 2
- ③ 2
- ④ 1
- ⑤ 4
- ⑥ 3
- ⑦ 3
- ⑧ 0
- ⑨ 5
- ⑩ 1
- ⑪ 2
- ⑫ 8
- ⑬ 0
- ⑭ 5
- ⑮ 2
- ⑯ 7
- ⑰ 6
- ⑱ 1

2 しき　9−5=4
　　こたえ　4こ

3 しき　10−4=6
　　こたえ　6とう

かんがえよう!
① イ　　② ア

解説

1 ひかれる数が 10 までのひき算の しかたを理解します。10 からひく ひき算はまちがえやすいので，くり 返し練習しましょう。
⑩⑯
◆ポイント◆
ある数から 0 をひいても 答えはある数のままです。

2 残りの数を求めるので，ひき算に なります。

3 多いうしの数から少ないうまの数 をひいて，ちがいの数を求めます。 答えの単位を忘れないようにしま しょう。

かんがえよう!
　5−2=3，9−4=5，10−7=3， 10−5=5です。

8 20までの かず

解答

1
- ① 13
- ② 17

2
- ① (順に) 18, 20
- ② (順に) 12, 11

3
- ① (　) (○)　(右に○)
- ② (○) (　)　(左に○)

4
- ① 14
- ② 17

5
- ① 2
- ② 8
- ③ 10
- ④ 10

6
- ① 16
- ② 13

かんがえよう!
① エ　　② ア

解説

1 ①10 こと 3 こで 13 こです。
②印をつけながら数えましょう。 10 のまとまりとあといくつと 考えます。

2 ①1 ずつ大きくなっています。
②1 ずつ小さくなっています。

3 ①12 と 13 では，13 のほうが 大きいです。
②20 と 19 では 20 のほうが大 きいです。わかりにくいときは 数の線（数直線）で考えましょ う。右のほうが大きい数です。

4 20 までの数について，「10 とい くつ」という見方を確かめます。

6 わからないときは，数の線を使っ て考えましょう。
②15 より 2 小さい数は，15 よ り 2 左へいった数です。

かんがえよう!
　13 より小さいのは 12 の 1 枚，17 よ り大きいのは 18 と 19 の 2 枚です。

9 とけい(1)

解答

1 ① 6 じ　　　② 2 じ
　 ③ 5 じはん　④ 9 じはん

2 ①　②

3 ①　②　③　④

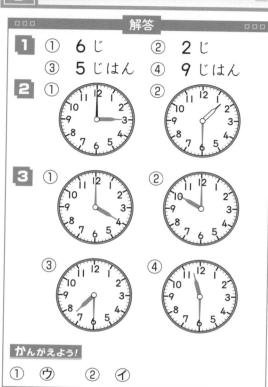

かんがえよう!

① ウ　　② イ

解説

1 ②短い針で「何時」をよむので，
2 時です。

2 ①「○時」のとき，短い針は○を
さしています。

　②「●時半」のとき，長い針は 6
をさしています。

3 ③ 7 時半のとき，短い針は 7 と
8 の間の真ん中を，長い針は
6 をさしています。

　④ 11 時半のとき，短い針は 11
と 12 の間の真ん中を，長い
針は 6 をさしています。

かんがえよう!

　時計は，左から 11 時，2 時，8 時，
4 時です。1 時から 6 時の間のものは
2 時と 4 時の 2 つ，7 時から 10 時の間
のものは 8 時の 1 つです。

---

10 はたは どこに うごく?

解答

1 ① 7　　② 9
2 8

解説

1 ①1ます進むことを3回くり返す
ので，1+1=2，2+1=3 よ
り，青い旗は，3ます進みます。
次に，2ます進むことを2回く
り返すので，2+2=4 より，
青い旗は，4ます進みます。
3+4=7 で，7のますまで動
くことになります。

　②2ます進むことを3回くり返す
ので，2+2=4，4+2=6
次に，1ます進むことを3回くり
返すので，1+1=2，2+1=3
6+3=9 で，9のますまで動
くことになります。

2 1ます進むことを2回，2ます進
むことを2回くり返すことから，
2+4=6（ます）動きます。白い旗
ははじめに2のますにあったことに
注意して，2+6で，8のますに動い
たことになります。

◦ポイント◦

2のますから動き始めることに
注意しましょう。

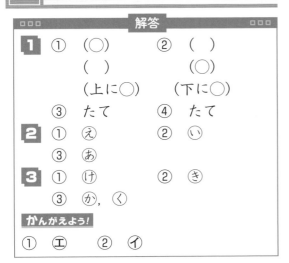

11 ながさくらべ

解答

1 ① (○)　　② ( )
　　( )　　　　(○)
　　(上に○)　(下に○)
　　③ たて　　④ たて

2 ① え　　② い
　　③ あ

3 ① け　　② き
　　③ か, く

かんがえよう!
① エ　　② イ

解説

1 ①端をそろえて比べます。
②下のテープは真っすぐではなく曲がっています。同じ長さのように見えますが, のばすと上のテープより長くなります。
③折ったとき, たてがあまっているので, たてのほうが長いです。
④同じキャップの数が何個分かで比べます。たては4個分, よこは3個分の長さなので, たてのほうが長いです。

3 同じ輪の何個分になっているかで, 長さを比べます。
あ…6個分, か…6個分, き…5個分, く…6個分, け…7個分

●ポイント●
キャップや輪を単位として使うことで, 長さを数で表して比べることができます。

かんがえよう!
2番目に長いのはおの7ます分, 2番目に短いのはうの4ます分です。

12 かさくらべ

解答

1 ① ( ) (○) (右に○)
　　② (○) ( ) (左に○)

2 ① い　　② う

3 く➡か➡き

4 う➡あ➡い

5 (左から) あ, 3

かんがえよう!
① ア　　② ウ

解説

1 ①同じ入れ物のときは, 水の高さが高いほうが多く入ります。
②水の高さが同じときは, 入れ物の大きいほうが多く入ります。

2 ①あの水を全部いに入れても, いにはまだ水が入るので, いのほうが多く入ります。
②うの水を全部えに入れたら, 水があふれたので, うのほうが多く入ります。

3 同じ入れ物にうつして比べています。水の高さが高いほうから順に多く入っています。

5 同じコップ何ばい分かで比べています。あは8はい分, いは5はい分なので, あのほうが3ばい分多く入っています。

●ポイント●
コップなどを単位として使うことで, かさを数で表して比べることができます。

かんがえよう!
同じ入れ物のときは水の高さで比べます。

13 たしざん⑵

解答

1
① 13　② 15
③ 19　④ 12
⑤ 17　⑥ 18
⑦ 20　⑧ 10
⑨ 14　⑩ 15
⑪ 13　⑫ 16
⑬ 17　⑭ 19
⑮ 18　⑯ 19
⑰ 18　⑱ 17

2 しき　10+6=16
こたえ　16人

3 しき　13+4=17
こたえ　17こ

かんがえよう!
① イ　② ア

解説

1 ①〜⑥ 10のまとまりと, あといくつと考えます。
⑧ 10に0をたしても, 答えは10です。
⑨ 13は10と3, 3に1をたして4。10と4で14と考えます。

2 あわせた数を求めるので, たし算の式になります。10と6をあわせて, 16です。答えの単位を忘れないように気をつけましょう。

3 持っていたあめの数にもらったあめの数をたして, 全部の数を求めます。

かんがえよう!
⑦14+5=19, ⑦10+5=15,
⑦10-5=5, ⑤10-9=1となります。

14 たしざん⑶

解答

1
① 13　② 11
③ 17　④ 13
⑤ 14　⑥ 15
⑦ 14　⑧ 13
⑨ 12　⑩ 16
⑪ 11　⑫ 13
⑬ 15　⑭ 14
⑮ 11　⑯ 12
⑰ 11　⑱ 12

2 しき　5+8=13
こたえ　13さつ

3 しき　9+7=16
こたえ　16わ

かんがえよう!
① ア　② ウ

解説

1
● ポイント ●
くり上がりのある1けたどうしのたし算は, 10のまとまりを作ることを考えます。

⑧ 10のまとまりを作るために, 7と6のどちらを分けてもかまいません。6を3と3に分けて, 7と3で10, 10と3で13としてもよいですし, 7を3と4に分けて, 6と4で10, 10と3で13としてもよいです。

3 初めにいた9羽にとんできた7羽をたして, 全部の数を求めます。

かんがえよう!
答えは左から, 14, 14, 12, 14です。

8

15 ロボットを うごかそう！

解答

1 ① イ　　② キ

2 １ます　すすむ

解説

　「右にまわる」は，右に90度まわることです。「左にまわる」は，左に90度まわることです。１年生では，まだ角度は学習しないので，このような表現にしています。

1 ①

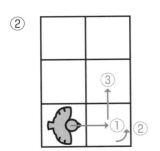

となるので，答えはイです。

②

となるので，答えはキです。

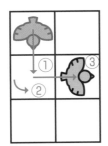

答えるのは，③です。

◯ポイント◯
まわるときは，右なのか，左なのかに注意しましょう。

---

16 ひきざん⑵

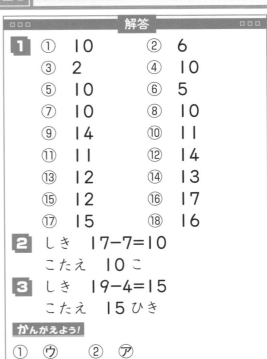

解答

1
① 10　　② 6
③ 2　　④ 10
⑤ 10　　⑥ 5
⑦ 10　　⑧ 10
⑨ 14　　⑩ 11
⑪ 11　　⑫ 14
⑬ 12　　⑭ 13
⑮ 12　　⑯ 17
⑰ 15　　⑱ 16

2 しき　17−7=10
　　こたえ　10こ

3 しき　19−4=15
　　こたえ　15ひき

かんがえよう！
① ウ　　② ア

解説

1 ① 13は10と3，そこから3をひいて10になります。
　② 16は10と6，そこから10をひいて6になります。
　⑧ 20は10と10，そこから10をひいて10になります。

2 残りの数を求めるので，ひき算になります。17から7をひいた数は，10です。

3 多いねずみの数からねこの数をひいて，ちがいの数を求めます。
　19は10と9，9から4をひいて5，10と5をたして15になります。

かんがえよう！
　⑦13−1=12，⑦13+1=14，⑨16−6=10，⑩10+6=16
となります。

9

17 ひきざん⑶

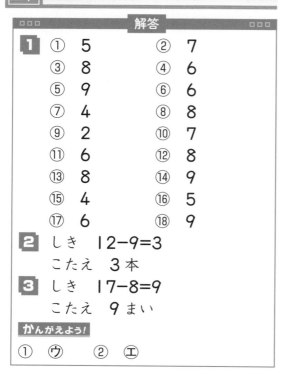

解答

1
① 5		② 7	
③ 8		④ 6	
⑤ 9		⑥ 6	
⑦ 4		⑧ 8	
⑨ 2		⑩ 7	
⑪ 6		⑫ 8	
⑬ 8		⑭ 9	
⑮ 4		⑯ 5	
⑰ 6		⑱ 9	

2 しき　12−9＝3
こたえ　3本

3 しき　17−8＝9
こたえ　9まい

かんがえよう！

① ウ　　② エ

解説

1 くり下がりのあるひき算です。

② 12 を 10 と 2 に分けて，10 から 5 をひいて 5，5 と 2 で 7 です。

⑭ 13 を 10 と 3 に分けて考えると，10 から 4 をひいて 6，6 と 3 で 9 です。または，4 を 3 と 1 に分けて考えると，13 から 3 をひいて 10，10 から 1 をひいて 9 です。やりやすい方法で計算しましょう。

2 残りの数を求めるので，ひき算になります。計算まちがいに気をつけましょう。

3 多い切手の数から封筒の数をひいて，ちがいの数を求めます。

かんがえよう！

答えは左から，6，8，9，6 です。

18 ひろさくらべ

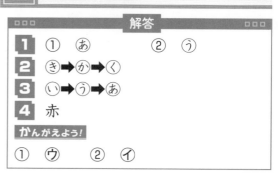

解答

1 ① あ　　　② う

2 き ➡ か ➡ く

3 い ➡ う ➡ あ

4 赤

かんがえよう！

① ウ　　② イ

解説

1 ①重ねて比べています。はみだしているほうが広いです。

②□の数を数えて比べます。数が多いほうが広いです。あは 10 個，いは 9 個なので，あのほうが広いです。

2 重ねて比べています。端がそろっていることを確認しましょう。いちばん小さいくからはみだしている部分が大きい順に広いです。

3 □の数を数えて比べます。数が多い順に広いです。あは 9 個，いは 12 個，うは 10 個なので，い ➡ う ➡ あ の順に広いです。

4 □の数を数えて比べます。赤は 26 個，白は 23 個なので，赤のほうが広いです。

◆ポイント◆
□などを単位として使うことで，広さを数で表して比べることができます。

かんがえよう！

あは小さい四角が 9 個，うは小さい四角が 10 個です。

19 つみきの　かたち

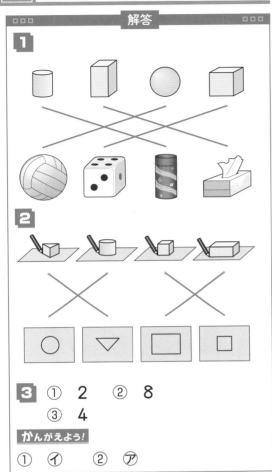

3　①　**2**　②　**8**
　　③　**4**

かんがえよう！

①　**イ**　②　**ア**

1　下にあるティッシュの箱，丸い缶，さいころ，ボールといった実際に手に取ることのできる物を使って，それぞれの形の特徴をつかみましょう。

2　上の形をよく見て考えましょう。わかりにくいときは，身近にある物を使って形をうつしてみましょう。

3　①はボールの形，②はさいころの形，③はティッシュの箱の形です。

かんがえよう！

☆のシールをはるのは真ん中の球の形だけです。

20 かたちを　わけよう！

1　①　ア，ウ，エ
　　②　イ，オ

2　①　キ
　　②　ク
　　③　カ

1　①
　●ポイント●
　直線でかこまれている形を選びます。

直線でかこまれている形，つまり，三角形と四角形でできている形を選ぶことになります。

②イには直線の部分がありません。オには直線の部分と直線でない部分があります。

2　①面の形の中に三角形が｜つでもあれば，①に分けます。カ，クには三角形が｜つもありません。

②三角形が｜つもないカ，クのうち，さいころの形であるクを選びます。

③三角形が｜つもないカ，クのうち，さいころの形ではないカ（箱の形）を選びます。

11

21 とけい(2)

解答

1 ① 7 ふん　　② 24 ぷん

2 ① 10 じ 13 ぷん
　　② 4 じ 31 ぷん
　　③ 2 じ 42 ふん
　　④ 8 じ 54 ぷん

3

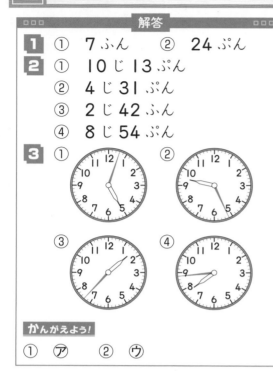

かんがえよう!

① ㋐　　② ㋒

解説

1
● ポイント ●
長い針で何分かがわかります。長い針の1めもりは1分です。

2 ①短い針が10と11の間にあるときは，小さいほうの10をよみます。

3 ①「3ぷん」なので，長い針は小さいめもりの3めもりめをさします。
②時計の1のところは5分，2は10分，3は15分，…と，5とびで数えましょう。26分は5のめもりの次の小さいめもりです。

かんがえよう!
時計は，左から2時20分，10時半，8時15分，2時45分です。

---

22 3つの かずの けいさん

解答

1 ① 9　　② 10
　　③ 16　　④ 19
　　⑤ 1　　⑥ 4
　　⑦ 8　　⑧ 4
　　⑨ 5　　⑩ 2
　　⑪ 6　　⑫ 17

2 しき　15-5-3=7
　　こたえ　7 こ

3 しき　6+4-7=3
　　こたえ　3 わ

かんがえよう!
① ㋑　　② ㋐

解説

1 ① 4+2=6 → 6+3=9
　　⑤ 8-4=4 → 4-3=1
　　⑨ 6-5=1 → 1+4=5
　　⑩ 7+1=8 → 8-6=2

● ポイント ●
3つの数の計算は，前から順に計算します。

2 「1つの しきに かいて」とあるので，式を2つに分けて書いてはいけません。「たべました」→「また たべました」なので，式は15-5-3となります。

3 4羽来て，7羽とんでいったので，式は6+4-7となります。
6+4=10 → 10-7=3

かんがえよう!
① 8+1-5=9-5=4
② 13+4-2=17-2=15

12

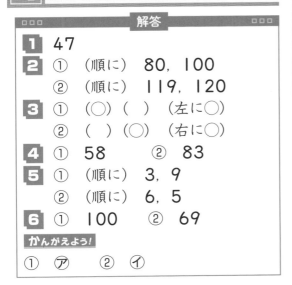
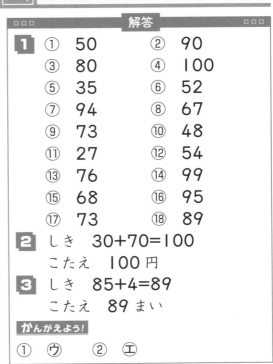

解答

1 47

2 ① （順に） 80, 100
　　② （順に） 119, 120

3 ① （○）（　）　（左に○）
　　② （　）（○）　（右に○）

4 ① 58　　② 83

5 ① （順に） 3, 9
　　② （順に） 6, 5

6 ① 100　　② 69

かんがえよう!
① ⑦　　② ⑦

解説

1 印をつけながら数えるとよいでしょう。10のまとまりがいくつと，ばらがあといくつと考えます。

2 ① 10ずつ大きくなっています。
　　② 1ずつ大きくなっています。

3 ① 2けたの数どうしの大きさを比べるときは，まず大きい位である十の位の数字で比べます。9のほうが8より大きいので，92のほうが大きいです。
　　② 2けたの数と3けたの数では，3けたの数のほうが大きいです。

4 ② 10が8こ→80
　　　　1が3こ→ 3
　　　80と3で83です。

6 わからないときは，数の線を使って考えましょう。
　　② 71より2小さい数は，71より2左へいった数です。

かんがえよう!
30より小さいのは28の1枚，60より大きいのは61と78の2枚です。

解答

1
① 50　　② 90
③ 80　　④ 100
⑤ 35　　⑥ 52
⑦ 94　　⑧ 67
⑨ 73　　⑩ 48
⑪ 27　　⑫ 54
⑬ 76　　⑭ 99
⑮ 68　　⑯ 95
⑰ 73　　⑱ 89

2 しき　30+70=100
　　こたえ　100円

3 しき　85+4=89
　　こたえ　89まい

かんがえよう!
① ⑦　　② ⑨

解説

1 ① 10のたばが2こと3こで5こなので答えは50です。
　　⑤ 「30と5」と考えます。
　　⑪ 24は20と4，4に3をたして7，20と7で27です。
　　⑮ 48は40と8，40に20をたして60，60と8で68です。

2 あわせた代金を求めるので，たし算です。「10円玉が3ことて7こ」と考えるとわかりやすいでしょう。

3 もっていたカードの数にもらったカードの数をたして，全部のカードの数を求めます。85は80と5，5に4をたして9，80と9で89。

かんがえよう!
答えは，上の行は左から，30, 38, 43，下の行は左から54, 29, 60です。

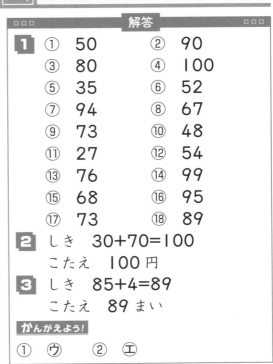

13

25 ひきざん⑷

解答

1
① 30　　② 40
③ 50　　④ 20
⑤ 50　　⑥ 80
⑦ 90　　⑧ 8
⑨ 3　　　⑩ 9
⑪ 55　　⑫ 45
⑬ 82　　⑭ 91
⑮ 27　　⑯ 19
⑰ 68　　⑱ 45

2 しき　35-5=30
こたえ　30 まい

3 しき　69-7=62
こたえ　62 人

かんがえよう!

① イ　　② ア

解説

1 ① 10 のたば 5 こから 2 こをひ
いて 3 こで, 答えは 30 です。
⑥ 84 を 80 と 4 に分けて, 4
から 4 をひいて 0, 80 と 0 で,
答えは 80 です。
⑪ 56 を 50 と 6 に分けて, 6
から 1 をひいて 5, 50 と 5 で,
答えは 55 です。
⑮ 67 を 60 と 7 に分けて, 60
から 40 をひいて 20, 20 と
7 で答えは 27 です。

2 残りの数を求めるので, ひき算に
なります。

3 多いほうの数 69(人) から少な
い数 7(人) をひいて求めます。

かんがえよう!

答えは, 上の行は左から, 30, 40,
75, 下の行は左から61, 80, 6です。

26 どんな けいさんに なるかな?

解答

1
① 7　　② 5　　③ 5

2
① 10　　② 3　　③ 17
④ 4　　　⑤ 15

解説

◆ポイント◆

記号に数をあてはめて計算します。
どの記号にどの数をあてはめるか
を間違えないようにしましょう。
計算間違いにも気をつけましょう。

1 ①○+△の○に2, △に5をあて
はめると, 2+5となるので, こ
れを計算して, 答えは7です。
②☆-□の☆に8, □に3をあて
はめると, 8-3=5
③○+☆-△の○に2, ☆に8,
△に5をあてはめると,
2+8-5
前から順に計算します。
2+8-5=10-5=5

2 ①○+☆の○に1, ☆に9をあて
はめると, 1+9=10
②△-□の△に7, □に4をあて
はめると, 7-4=3
③○+☆+△の○に1, ☆に9,
△に7をあてはめると,
1+9+7=17
④☆-○-□の☆に9, ○に1,
□に4をあてはめると,
9-1-4=4
⑤△-○+☆の△に7, ○に1,
☆に9をあてはめると,
7-1+9=15

14

解答

1　しき　2+2+2=6
　　こたえ　6こ

2　①　4こ　　　②　2こ

3　①

○○○　○○○　○○○　○○○

　　②　しき　3+3+3+3=12
　　　　こたえ　12まい

4　①

○○○○○　○○○○○

　　こたえ　5本
　　②

○○　○○　○○　○○　○○

　　こたえ　2本

かんがえよう！
　①　ウ　　　②　イ

解説

1　次のように○を使って考えましょう。
　　　○○　○○　○○

2　②8こを同じ数ずつ4つに分けます。わかりにくいときは、おはじきやブロックを使って考えるとよいでしょう。

4　10本を同じ数ずつ分けていきます。1人に1本、もう1人に1本、1人に2本、もう1人に2本、…と、おはじきなどを使って1こずつ置いて考えるとよいでしょう。

かんがえよう！
　①　2+2+2+2=8
　②　2+2+2+2+2=10

解答

1　①　　　　　　②

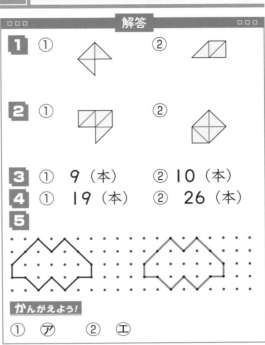

2　①　　　　　　②

3　①　9（本）　　②　10（本）

4　①　19（本）　　②　26（本）

5

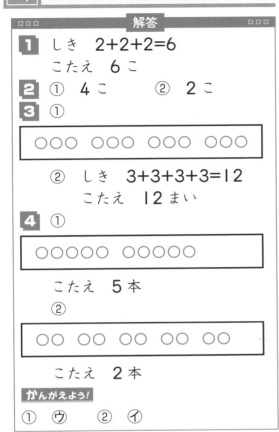

かんがえよう！
　①　ア　　　②　エ

解説

1　解答の線は例です。わかりにくいときは、実際に紙を三角形に切ったものを使って、形を作ってみるとよいでしょう。

2　解答の線は例です。紙の三角形を使って形を作ってみるとわかりますが、三角形の置き方はほかにもあります。いろいろ動かして作ってみると力がつきます。

3　数え忘れのないように、棒に印をつけながら数えましょう。

5　かく位置はちがってもかまいません。左の形をよく見て、線の長さや数をまちがえないようにかきましょう。

かんがえよう！
　棒の数が多いので、注意しながら数えます。

29 ものの いち

解答

1 ① いつき（さん）
　 ② すず（さん）
　 ③ すみれ（さん）

2 （それぞれ順に）
　 ① 2，5
　 ② 4，3
　 ③ 3，3
　 ④ 5，4

かんがえよう！
① ⑦　　② ㋐

解説

1 ①上から 1，2 と数えて 2 番目の棚に印をつけ，その棚の左から 1，2，3，4 と数えます。
②①と同じように，上から 1，2，3 と数えてから，左から 1，2，3，4，5 と数えます。

2 ①あおいさんの靴を探します。そして，その位置が上から何番目で左から何番目かを数えます。
④けんとさんの靴を見つけたら，下から何番目で，右から何番目かを数えます。

●ポイント●
物の位置は，「上から・下から」「右から・左から」「前から・後ろから」のような表し方を組み合わせて，「上から○番目で右から△番目」のように表すことができます。

かんがえよう！
りょうさんのくつは，さくらさんのくつから上に2つ，左に4つのところです。

30 3けたの かずを つくろう！

解答

1 107

2 ① 108　　② 113

3 ②で できた かず

解説

●ポイント●
1つずつ順番にますに数を入れていきます。

1 左から1番目に1→ | 1 | | |
右から2番目に0→ | 1 | 0 | |
左から3番目に7→ | 1 | 0 | 7 |
できる数は，107です。

2 ①右から3番目に 4−3=1 を入れる。
左から3番目に 10−2=8 を入れる。
右から2番目に 5−5=0 を入れる。
できる数は，108です。
②左から2番目に 3+6−8=1 を入れる。
右から1番目に 7−3−1=3 を入れる。
右から3番目に 10−9=1 を入れる。
できる数は，113です。

3 百の位の数字が同じなので，十の位の数字を比べます。

16

15347　答